停止皺紋

別讓皺紋洩漏了你的年齡

照護皮膚、減緩老化，這樣做最簡單

邁克・迪爾克斯 Dr. Mike Dilkes
亞歷山大・亞當斯 Alexander Adams

林孟欣｜譯

STOP WRINKLES THE EASY WAY

為什麼膠原蛋白和彈性蛋白很重要？
你可以長智慧，但不一定要長皺紋
掌握看起來比實際年紀更年輕的秘訣！

晨星出版

CONTENTS

目 次

第 1 章

膠原蛋白和彈性蛋白

·聲明·

我們盡量簡化陸續出現的各種解剖學術語的複雜度，方便讀者理解。正如書名中「這樣做最簡單」的口號，理解「因果機制」這個總是潛伏、卻影響重大的運作模式。持之以恆，才是唯一持續更新健康與外貌的方法。這套機制對於皺紋的產生，如何降低、預防、避免形成，提供不同的見解和策略。

要解答皺紋的問題，就必須從生理學上真正了解人體最大的器官——皮膚，包括它的構成，還有組成成分間的細微差異。皮膚約占人體總重的百分之十五，覆蓋面積約為一·九平方公尺，它是由三億個皮膚細胞組成，在任何給定時間下，皆能容納一千多種細菌。

皮膚是非常精密的器官，其主要目的就是作為人體內部和外界的阻隔。它是堅實持久的防護罩，抵抗各種物理性攻擊，像是摩擦、化學物質、疾病感染、紫外線輻射……以上這些都是人類為生存而應具備的基本能力。由此，我們可以定義出：**皮膚是人體的保護裝置。**

雖然皮膚器官很薄、很軟，但出色的保護力，是人們持續暴露在數億個可能具感染性的生物體中，卻不會老是生病的主因。然而，我們必須了解皮膚還有兩個重

要功能，就是「調節」與「感覺」。

調節

　　說到皮膚的功能，最老生常談、卻也是最精準的說明，那無非是皮膚是人體的「自動調溫器」（Thermostat）。皮膚藉由控制水分及電解質的進出，對人體體溫起到調節作用。當人體核心溫度低於攝氏三十六‧九度（華氏九十八‧四二度）時，神經末端的感受器就會發出「發抖」的訊號。同樣的，如果人體體溫高於攝氏三十七‧二度（華氏九十八‧九六度），皮膚的汗腺就會分泌汗水，降低體溫。

　　皮膚也肩負調節人體維生素 D 含量的高低。皮膚如同倉庫，用來儲備化合物，這些化合物藉著光和紫外線輻射催化，就成為維生素 D 的儲藏庫，用於支持腸道、骨質密度、細胞成長、免疫功能、降低發炎等功能的正常運作。

感覺

皮膚感覺大致被分為三類：觸覺、冷熱覺、痛覺。皮膚不會對極輕微的觸覺起反應，例如我們意識到衣物碰觸皮膚，但我們可以一整天無視這個感覺，但倘若施加更多壓力在皮膚上，如腰帶扣環、錶帶勒得過緊，我們就很難忽視這些感覺。而冷熱感、痛覺，是在傳達訊息給身體，提醒這些事情不太妙，例如把手伸進火裡。由於體溫低於攝氏二十度或高於攝氏五十五度會對皮膚造成傷害，我們就會預先感受到疼，以便警示我們做出反應。

膠原蛋白和彈性蛋白的重要性

隨著年齡漸長，我們開始無止盡的沉迷於如何維持皮膚的緊實，而了解膠原蛋白和彈力蛋白的運作機制，正是解鎖皺紋形成與預防的關鍵。

● 膠原蛋白 Collagen

人體含量最豐富的蛋白質為膠原蛋白，約占總量的

百分之三十，由纖維細胞（Fibroblasts）組成。膠原蛋白的束縛力形成了結締組織，如骨頭、韌帶、軟骨。它是皮膚主要的結構性性蛋白，使皮膚強韌，抵抗拉扯、撕裂、異物滲入等外傷。因此膠原蛋白若有缺陷，例如先天性結締組織異常症候群，會導致皮膚（脆弱容易變形）、韌帶（關節過度鬆動變形）、血管（管壁脆弱，承受不住血壓導致血管壁擴張、動脈瘤）等問題。

皮膚結構

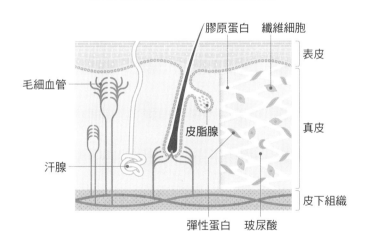

● 彈性蛋白 Elastin

　　彈性蛋白也是蛋白質的一種，由彈性蛋白質和小纖維蛋白蛋白質（Fibrillin Protein）製造，其纖維絲就像格子架，緊密的縱橫交錯，提供強度及彈性，具體像是大尺寸的血管。這也是為什麼馬凡氏症候群（Marfan Syndrome）這種彈性蛋白缺陷的疾病，會形成主動脈瘤。

　　彈性蛋白如同膠原蛋白，由纖維細胞組成，但它的功能不是使皮膚強韌，而是維持緊緻。所以像是吸入煙霧或其他有毒物質如塵埃，會導致 Alpha-I 抗胰蛋白酶刺激酵素使彈性蛋白酶過度活躍，造成肺氣腫。反之，彈性蛋白不足時則會使皮膚逐漸鬆弛塌陷、提早老化，像是骨發育異常性老年狀皮膚症候群（Gerodermia Osteodysplastica），抑或稱七矮人症候群（Walt Disney Dwarf Syndrome）。

　　在理解皮膚最基本的組成與其功能存在的目的之後，下一章我們要藉由示意圖，幫助我們把皮膚的組成與日常生活連結在一起。

第 2 章

肌膚深處

解剖皮膚

　　皮膚如同洋蔥、幽默感、挖苦，都是一層疊著一層。了解這些皮層，有助於我們在面對這些與皺紋相關、數量龐大的研究時，判斷出哪些是有用的事實，哪些是虛構的，也能幫助我們從其中選出正確的護膚療程、步驟、品牌。最重要的是，讓我們能分辨皮膚在何種狀態下是皺紋、何種情況則不是，並且取而代之，因為皺紋可能是某些糟糕狀況的指南針。

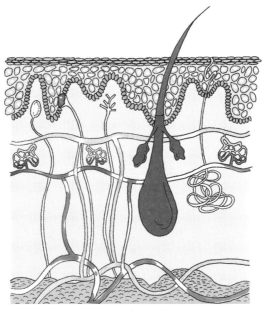

▲ 皮膚構造圖

　　下方圖是皮膚最主要皮層，也是肉眼可見，接收觸覺、光線、外力，如受到摩擦切割而損傷的部位。最外面的皮層為**表皮層**（Epidermis），「epi」源於拉丁文，意思是「上面」，「dermis」則是皮膚的意思。如前文所述，表皮具備的能力：抵禦外力、調節體溫、產生感覺來反應身體重要訊息，因此，表皮成為人體的第一層防線。

　　當外力突破表皮的防禦功能並滲透表皮，則是皮膚受損感染的主因。例如皮疹、水皰、晒斑、皺紋，都是皮膚受損的證據。

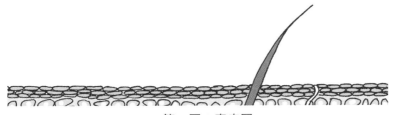

▲ 第一層：表皮層

　　進入皮膚的第二層，會發現第二層是柱狀的**基底層**（Basal Lamina），是一層原生膜（Primary Membrane），由色素細胞所組成，也稱為色素層（Pigment Layer），其重要功能在於產生黑色素（Melanin）。

　　幾乎在所有動物的眼睛、皮膚、毛髮、都可以找到黑色素。它決定了膚色、毛色、眼睛的顏色，也提供皮膚防禦力對抗紫外線。色素層的黑色素會吸收紫外線，阻斷紫外線侵入更深的皮層。較淺的膚色其黑色素的含量會低於較深的膚色，因此，抵禦陽光的能力比較差，所以需要更多防禦措施，這部分的詳細內容會在第五章做更進一步討論。

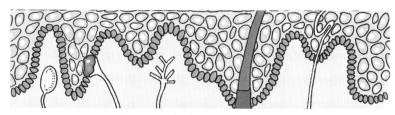

▲　第二層：基底層（又稱色素層）

　　表皮層和色素層愈薄嫩，其防禦功能就愈弱，紫外線也就愈容易滲透並損傷到更深的皮層，也就是第三個皮層：**乳突真皮層**（Papillary Dermis）。基於本書主要探討的方向，此皮層應是皮膚層中最重要的，因為這一層是由膠原蛋白和彈力蛋白所組成的。而我們之前說過，這兩個成分對於預防與降低皺紋的生成來說，極為重要。

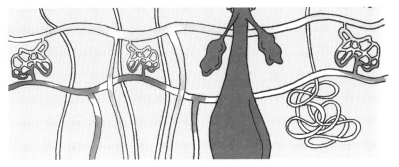

▲ 第三層：乳突真皮層

　　而位於乳突真皮層之下，便是更深的第四層皮層：**網狀真皮層**（Reticular Dermis）。與乳突真皮層相較，這個皮層較為厚實，也是由膠原蛋白和彈力蛋白所組成，主要提供皮層的強度。此皮層處於較深的位置，較不會受外力損害而導致老化或形成皺紋，例如紫外線的照射。

　　網狀真皮層裡包含汗腺、皮脂腺、血管、神經、淋巴管等構造，這些構造維持外層皮膚的健康並提供所需營養。而毛囊組織（Hair Follicles）也位於網狀真皮層，外型如同燈泡，被血管包圍，供應毛髮生長所需要的激素。

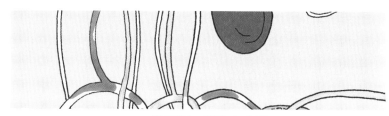

▲ 第四層：網狀真皮層

皮膚最底層的皮層是脂肪的基底，精確的說就是**皮下脂肪**或是**皮下組織**（Hypodermis）。此皮層主要是保護肌肉、骨骼這些位於人體更內部的構造，然而在治療皺紋的過程中，此皮層也扮演著非常重要的角色。

好的脂肪皮層應能使皮膚豐盈飽滿，避免皮膚凹陷。「飽滿」一詞（Plumpness）常被用來讚美年輕美麗的肌膚。我們會在第六章談到肌膚老化，將會對皮膚的飽滿度有更詳細的討論。

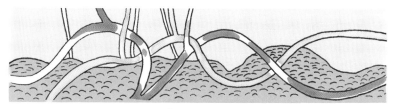

▲ 底層：皮下脂肪

綜合上述，擁有年輕、健康、緊緻肌膚的關鍵，就在於完整的皮層能同步發揮各自主要的功能。了解皮膚的構成及其主要作用後，我們可以開始詢問：「是什麼導致皺紋產生？」然而，實際上這個問題是在問：「什麼是皺紋？」

第 3 章

認識皺紋

什麼是皺紋？

　　卡勒姆在五歲時的聖誕節，收到他夢寐以求的禮物——全新的彈跳床。收到禮物的隔天，卡勒姆待在後院協助爸爸組裝他的禮物：一個固定框架，幾個不鏽鋼彈簧，一張編織結實的亮面網。卡勒姆的爸爸每隔半公尺固定一個彈簧，當五個彈簧固定在框架時，網子張開了。接下來，卡勒姆的爸爸開始挑戰網子的彈性，他不斷延伸網子，直到對齊緊扣到另外五個彈簧的拉環，然後把露在外面的彈簧、機關，用厚墊子緊緊包裹起來，彈跳床便組裝完成。

　　如果你玩過彈跳床，你感覺到的第一件事就是彈跳床的網好硬實，整個彈跳床的結構非常紮實，所以能應付突如其來的外力，例如你的體重，並且即便被外力彎曲下陷，也能恢復到原先的緊實與水平面。如果你曾擁有彈跳床，你會知道彈跳床的使用時間非常集中，在比較冷的月份幾乎是乏人問津，一個結構精良的彈跳床能應付這種極端的使用方式。如果維護的好，彈跳床幾乎可以在無損的狀態下，使用多年依舊良好。

　　卡勒姆現在十六歲，彈跳床仍是他的最愛，現在彈跳床不像是玩具，而是青少年聚會的場所。夏末的傍晚，卡勒姆和朋友們斜躺在彈跳床上聊天，與十一年前還是孩子的他們躺在彈跳床時相較，當時網子幾乎沒被撐開，但經過多年的使用，並且是承受年輕人的體重，網子明顯下陷，網子的邊緣和彈簧也被整個拉開繃緊。當男孩們起身去用餐，網子又盡力恢復原貌，但在外力長期持續拉扯延展下，意味網子和彈簧的外觀必然不會再像從前。彈跳床仍可正常使用，但在肉眼可見的情況下，明顯看得出它的整體功能逐步下降。

網子的中心失去一定程度的彈性，所以看起來有一些皺褶，與其說是一張緊實的網，更像是一張帆。你可以看到網子的纖維，有部分因為夏天的高溫導致褪色磨損。最明顯的變化是，網子上布滿淡淡的紋路，這是外力日積月累下的結果，當網子沒有外力時，痕跡清晰可見。幾年過去，紋路的痕跡愈來愈深，改寫了原先網子的結構。

這個簡單的例子，讓我們從更完整清晰的視角，了解皮膚功能的衰退情形：**網子是彈性蛋白，彈簧是膠原蛋白，邊框和底層支架則是骨骼。**

「衰退」（Decline）用在這裡過於嚴重，它代表一個無法被扭轉、失去希望的過程。然而事實是，雖然皮膚功能持續退化降低是不可避免的自然過程，但若經正視並有相應的措施，我們就無須過於擔憂，這也是我們接下來要討論的。

造成彈跳床有皺褶，是因為對網子和彈簧持續施加足以出現皺摺的外力與張力。這個原理同樣適用於皮膚皺紋的產生。

請記得，膠原蛋白使皮膚結實飽滿，彈性蛋白使皮膚緊緻，如果沒有防護措施，外在環境存在很多會傷害皮膚結構的因子，慢慢破壞皮膚膠原蛋白和彈性蛋白，

造成皮膚結構不緊實而有紋路產生。

　　現在我們來看一下皺紋產生的兩個重要原因：

　　一、環境因素
　　二、外力記憶

環境因素

● 陽光曝晒

　　我們知道陽光對肌膚的傷害
會造成皺紋，普遍認為塗抹防晒
產品不僅能在長時間日晒時保護
皮膚，同時也能避免皮膚老化，但我們真的清楚當中的
運作機制嗎？了解這些，有助你在兩天私人假期中，打
算先晒傷自己再塗抹乳霜之前，重新思考一下。

　　因為我們不是蜜蜂，所以我們肉眼無法看見紫外
線。紫外線是能量很強的輻射，其支持光合作用，幫
助人體產生維生素 D，被認為是外在環境中最影響皮膚
的因素，原因是當它與皮膚接觸時會產生自由基（Free
Radicals）。

　　自由基是一種不穩定的原子，皮膚能處理自由基的量有一定範圍，一旦超出安全域值，就會開始破壞細胞，特別是膠原蛋白和彈性蛋白。

　　可以說，紫外線是導致皮膚變色，結實度和緊緻度被破壞的主要兇手。只是我們不應該只重視自由基對外表的影響，而是更關注自由基本身，因為自由基的增加也會抑制免疫力，導致身體免疫系統功效降低。

　　人體天生的防禦線一旦衰退，會使我們面臨許多問題，嚴重時甚至危及生命，因此皺紋很可能是這些危急情況的症狀表現之一，我們稍後會在第五章做進一步說明。

　　在營養界、製藥界，有個與自由基相關且廣為流行的專門術語：「抗氧化劑」（Antioxidant）。我們「知道」它比一般食物厲害得多，視它為超級食物，認為它對身體有很大的益處，但我們更著墨在它有助於皮膚健康的部分。

　　抗氧化劑是一種化合物，通常包含了維生素、類胡蘿蔔素和酵素酶，有助於人體形成保護層，能抵抗自由基，或是壓制自由基的生成。

● 吸菸

我們無法完全避開導致皮膚形成皺紋的環境因素——紫外線，反倒是絕對可以完全避免生活型態形成的環境因素，特別像是吸菸。

人們認為吸菸會加速皮膚老化的看法由來已久，老化的程度取決於抽菸時花費的時間、抽菸的數量。

螢光幕前的影星們抽著菸，但面容光彩煥發，肌膚毫無瑕疵，這是因為他們年輕。

每天一包菸的菸癮者，通常在第四個十年就會出現皺紋。與太陽輻射對肌膚造成的傷害相比較，一包菸對肌膚的損害，至多就是使肌膚看起來蒼白無血氣，然而結合兩者，對損害肌膚就會明顯加劇。平均估算六·五兆的菸草數量，可供一億多人口吸食。由此看來，有菸癮且曝晒在太陽輻射下的人口數量是很高的。

你或許以為，皮膚的變化是因為皮膚接觸到煙霧，但事實是菸裡面的尼古丁進到身體內部，使血管收縮變窄，影響血液流量。

皮膚從血液中獲取的營養和氧氣長期被剝奪，狀態自然受影響。

構成菸草的四千種化學物質中，其中數種專門進攻

膠原蛋白和彈性蛋白，人體對這些化學物防禦力很低，於是皮膚結實度和緊緻度再次受到破壞，皮膚因此下垂，形成皺紋和細紋。

吸菸通常導致臉部皮膚老化、皺紋生成，但因為膠原蛋白和彈性蛋白存在於全身，所以吸菸對皮膚的損害範圍還會更大、更嚴重。

癮君子可能要擔心其他部位，像是胸部、頸部、手臂、腹部，可能都會出現下垂。

若是你注重打扮，在意皮膚老化和皺紋，就不該抽菸。抽菸不僅是損害外在美，肺部疾病、癌症，後續衍生的花費，都再再提醒人們戒除抽菸習慣。

● 酒精

「不靠訓練，無法改變不好的飲食習慣。」沒有正確的營養，想要有沙灘排球員的健美身材或達到減肥目的是不可能的。這便延伸到另一個重要主題：停止便宜行事。飲食對於身體機能的正常運作非常重要，對於是否能擁有年輕、充滿活力的皮膚也是，因此我們要考慮另一個與吸菸密切相關的環境因素——酒精。

社交吸菸隨著飲酒有上升的現象，最常說「我只在喝酒時抽菸」的，是那些上酒吧、俱樂部卻不愛買菸的人。少量一兩支菸對皮膚的影響，跟每天抽一包菸的人相較，確實少了很多。然而**即便菸癮低，依舊會持續分解皮膚的膠原蛋白和彈性蛋白。更重要的，酒精會耗損維生素 A，意味著對牙齒、骨骼、軟組織，還有皮膚的健康狀態和維持堪慮。**

倒也沒要你立刻照健康美容產業的建議，認同追求身體健康與外在美麗，勝過其他令我們生活愉悅的事。我們是社會性生物，共同活動才能創造生活價值，我們理應站在以心靈健康為前提的條件下，享受群體活動和「做自己」，但也不要自欺欺人，事實就是如果酗酒、抽菸、飲食不當、過量曝晒陽光，就不可能有年輕無瑕的肌膚。

● 空氣溼度低

損害皮膚功能的另一個環境因素就是溼度，具體解釋就是大氣中的水蒸氣含量。一般而言，全球居家環境溼度落在百分之三十至六十之間。溼度與溫度相關，每升高攝氏二十度（華氏六十八度），

大氣容納水蒸氣的量就會提高一倍。

近期發表於《歐洲皮膚病及性病學會雜誌》（"Journal of the European Academy of Dermatology and Venereology"）的一篇研究，針對「溼度對健康肌膚和生病肌膚的影響」的相關證據做出評論。研究顯示，在相對溼度百分之三十的差異下，僅僅三十分鐘就能影響皮膚狀況，作者發現水氣降低會導致皮膚彈性降低，細紋顯著增加。

溼氣高的氣候會使皮膚表層細胞的死亡數量降低，使細胞恢復年輕與活力，皮膚外層更加明亮。另外，身體會將毒素集中到汗腺，潮溼的氣候能增加出汗量，**其作用就像是經過艱辛的長跑、健身，汗腺分泌汗液將毒素從皮膚排出**，皮膚成為了身體排毒的出口。**所以，缺乏水分是老化出現的關鍵**。在第六章時，我們會提到，任何抗老、抗皺、逆齡的策略都包含保溼補水。

外力記憶

對於皺紋的生成原因，廣為大眾熟知的多半是環境因素，然而有部分成因來自個人可控制的行為模式，所以我們有必要了解身體如何記憶外力。

　　回顧彈跳床的例子，網子上出現裂隙是因為網子長期的延展，**纖維習慣並記憶了拉伸的狀態，導致即便沒有外力迫使，纖維在靜止狀態時仍保持延展時的狀態，於是形成皺紋——這就是外力記憶。**皮膚的運作方式也是如此。臉部皺紋的形成，通常是因為臉部的皮膚承受並澈底記憶某些表情的力道，並保持在當下的狀態。而有一種外力是很好掌控的，就是睡眠造成的外力。

　　許多研究證實，夜間熟睡時，身體施壓在枕頭等寢具上時，會特別加壓在頸部和下巴。**當一個人每晚都是**

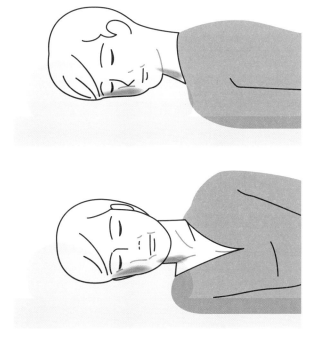

側睡或是趴睡，會極大的影響面部及皮膚，去記憶睡姿導致的外力，進而產生皺紋。另外，根據你側睡的姿勢，骨骼組織將逐步往某一側推移。重要的是，外力被記憶的同時還會累積，膠原蛋白記憶了拉伸的力道，力道同時也累積在膠原蛋白上，而時間愈久，外力累積愈多，於是裂隙和皺紋便形成，這就是所謂的「累積效應」。

仰睡是顯而易見的解決方式，然而說得容易、做得難，要在熟睡時監控自己是否處於最佳睡姿是不可能的。對那些不得不趴睡的人，考慮一下使用的枕頭，可免於因睡姿而造成老化的威脅。

睡眠相關的助眠產業算是新興工業，那些根據臨床實驗而製作的枕頭材質，擁有比一般棉和聚酯纖維更好的抗磨性，絲製枕頭被證實可以減少因外力記憶導致的皺紋。

根據二〇〇九年發表的一項研究表示，持續使用含有氧化銅的枕套四個星期，不只可以明顯降低臉部皺紋和魚尾紋的產生，而且可以重新激活面部整體肌膚使其年輕化。

如果你可以更換一下寢具，比如枕頭，你的皮膚狀態將有顯著的變化。

第 4 章

關鍵戰場

哪些部位會有皺紋？

了解皺紋是如何產生之後，接下來要探討產生皺紋的區域。一般我們最關注臉部以及該部位產生的皺紋，但其實會產生皺紋共有三個區塊，所以我們都該去認識，這對我們很有幫助：

一、臉部
二、頸部
三、胸部

臉 部

美容產品、化妝廣告和營銷，都是針對臉部提供無數方案，為他們的「搖錢樹」改善面容。這方面很好理解，因為臉是我們的門面，經由審視臉部的狀態，我們對其他人的生活方式才能有「先驗」的認識。

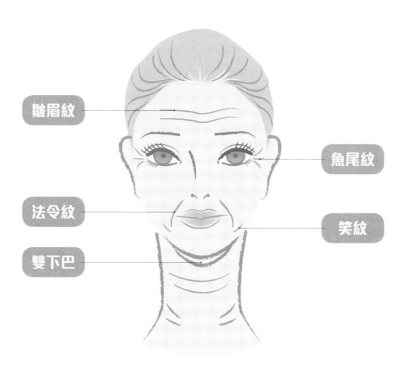

皺眉紋

魚尾紋

法令紋

笑紋

雙下巴

● 憂慮與皺眉紋

　　憂慮導致的細紋和皺眉紋，是男性與女性臉部最先
會出現的紋路，這是因為這類的表情層出不窮，每一次
的挑眉、皺眉，前額的肌肉就會被褶起來。孩童的眉骨
脊纖細、顴骨突出、皮膚緊緻，所以他們擠眉弄眼做鬼
臉還不會有這些細紋產生。

　　然而如同前文提到的，愈常皺眉頭，紋路就愈深。除非你預計此生都不要有表情，否則臉上不太可能沒有細紋，特別是因為男性較不會去美容，來降低、逆轉這種狀況，所以歷來因憂慮導致的細紋，在男性臉上就更加明顯。不過，現在趨勢已在逐漸改變。在第六章我們有好消息要分享，有一些措施可以很有效的降低皺紋的形成。

● 魚尾紋

　　拉丁文「peri」的意思是周圍或鄰近；「orbtia」是眼窩的意思。眼眶周圍（the Periorbital Region）是一個脆弱且容易老化的區域。從眼角輻射狀出現數條清晰的紋路，通常被稱為魚尾紋。這個區域的肌肉負責眼瞼的運動，幾乎長期處於工作狀態，很少是靜止的。

　　眼周的肌膚是最嬌嫩的，所以臉部表情、陽光曝晒、污染物（如吸菸）對此區皺紋的生成影響度更大。任何滑過雪的人大都會記得，滑雪過後，人們臉上會出現的魚尾紋。幸運的是，這些紋路是暫時性的，而且這些紋路讓我們知道，長時間瞇眼以及運動眼周肌肉會導致什麼樣的結果。考慮到此區域肌肉的使用量，那麼產

生魚尾紋是不可避免的狀況，但隨著預防科學逐漸壯大，我們會在第六章會提供像是增加膠原蛋白含量和皮膚彈性這類微整形療程，用以改善皮膚狀況。擔心自己長年在陽光下瞇著眼睛的人，這下可以安心了，因為根據二〇一九年的一則研究表明，即便是有嚴重魚尾紋的人，這些醫美方法依舊能有效去除。

● 笑紋

沒錯，微笑會形成笑紋。具體來說，是口腔兩側的皮膚皺褶。當你看到友善的面容，聽到有趣的事，嘴唇會變寬、向上抬，最後在軟組織的阻擋下形成褶子。然後套用不變的主題，特定區域持續繃緊，長時間下來，皮膚的膠原蛋白和彈力的整體功能逐漸下降，褶子壓出淺淺的紋路，最終變成皺紋或是笑紋。

我們因樂觀、喜悅而開懷大笑，但笑久了反而會使我們降低魅力、不再迷人，這樣的狀況不免使人遺憾。但我們寧願有一張因幸福故事而充滿微笑、快樂的臉，也好過一張無表情的撲克臉。

眾所皆知，臉部表情的專注度在社交互動時能引起關鍵作用。魚與熊掌不可兼得，要生活充滿之前提到的

惡習，如狂歡、大笑的同時，又想要符合美的標準，似乎是不可能實現的。

本書的後半部分會告訴你，如何將笑紋降到最低，甚至是逆轉它。

● 法令紋

我們已經知道，隨著時間流逝，外在環境催化與內部機能逐漸下降，會導致皮膚凹陷，失去緊緻度，皮膚產生痕跡也就是——皺紋。法令紋從鼻樑延伸到嘴角，甚至到下顎線，逼近輪廓線，它代表臉部中段的老化。還有一個推動老化機制而且鮮為人知的原因——重力。

臉頰是臉部最豐滿的地方，年輕時結實緊緻，但重力會不斷迫使兩頰區塊向下，讓法令紋更明顯，這也將會隨著年齡增長而愈來愈嚴重，很難避免。

● 下顎輪廓與雙下巴

重力的影響不僅限於臉部中段和臉頰。年輕時下顎線條分明清晰，但隨著變老，體重增加又或者減少，導致輪廓線逐漸消失，這表示肌肉和軟組織量慢慢下滑，

導致輪廓線鬆弛下垂。

有趣的是，你會發現身體各部位生長速度不同，例如在肺部及身體的呼吸系統發育完整之前，鼻腔系統仍處於發育不完整的狀態。

隨著臉部結構與身體結構的持續改變，每次你要處理的重點，一定跟前一年有所不同，我們要先意識到這一點，結合上一次我們對外表的期盼，然後再去選擇除皺的療程。

臉部的形狀會隨著牙齒和下顎骨的移動，不斷重新定義。顱顏顎骨發育會從成年持續到晚年，如果發育成深咬合（Overbite）或戽斗（Underbite），時間愈久，皮膚就愈發無法適應臉部的形狀。

頸 部

有關皺紋的討論，大部分會著眼在臉部，但要更進一步恢復青春，意味著療程中更需要去關注的，是整個皮膚結構運作機制的損壞，出現皺褶、凹陷、皺紋的所有部位。這些部位比擅於偽裝的臉部，更會明確的透露一個人的年齡。正如美國知名導演編劇諾拉・艾芙隆（Nora Ephron） 在她的書《我對我的脖子感到難過》

（*I Feel Bad About My Neck*）提到，「我們的臉是謊言，我們的頸部則是真相。」你要劈開紅杉樹才能知道它的真實樹齡，但如果紅杉樹像人類有脖子，你就毋須劈開它了。

頸部的皮膚就像眼睛周圍的皮膚一樣，非常的薄，因此更容易受到紫外線、污染物、重力的影響。不合審美觀的頸部瑕疵有：頸部的水平線皺紋，皮膚塌陷有褶皺，雙下巴，下巴輪廓線鬆弛不清晰。

頸紋

　　我們討論過造成皺紋生成的原因，也完全適用頸部。然而有一項成因，特別是在過去十五年變得更為重要，那就是脖子的姿勢以及休息的姿勢。二〇一七年，紐西蘭某一小鎮採取嚴格措施，在所有行人穿越道的紅綠燈位置，加裝 LED 反光條，就是希望吸引那些被手機分心、懶得抬頭看路的行人，看到綠光或紅光時，提醒他們什麼時候可以過馬路，什麼時候該停下來。這個安全措施不只是讓人感覺有點煩悶，它也點出大部分現代人的頭部位置，脖子經常性的處於向下彎曲的狀態，是頸部皮膚塌陷、褶皺以及產生皺紋的原因。

　　久坐的姿勢及現代人的生活模式，著實令人擔憂。二〇一九年，英國行為未來學家威廉・海格姆（William Higham）發表的研究，講述了許多現今坐辦公桌工作會有的健康問題，包括駝背、眼睛痠澀泛血絲、頸部皮膚凹陷，海格姆還放了一張同事的照片，聲稱這是他同事未來的外觀，不知道海格姆的預測，是否也會切中因為新冠肺炎（COVID-19）而關在家中工作的數百萬名職員。海格姆談到在辦公椅和辦公桌度過的時間、特徵，對現在躺在床上、地上進行虛擬會議，討論業務的人而言，反倒似乎是種奢侈。

　　我們在第八章會提到，不良的生活方式會影響療程

的效果。逆轉皺紋要達到長期的成效，需要日常生活的支持。現在採取行動，不只是為了預防皺紋的產生，更重要的是為了整體健康福祉。

胸部

　　胸部皺紋好發於女性，形成的原因幾乎可以說都是外力的壓力記憶造成，而最主要外力來自於睡姿，所以要避免胸部的皺紋是有可能的。如果你是少數百分之十的習慣仰睡的人之一，那你的胸部不太可能有皺紋。如果你是屬於百分之七十四側睡的人之一，那就將有近五成的機率，胸部會產生胸部皺紋。

　　側臥時，下半部靜止並成僵硬狀態，而上半部會被逐漸向下推擠。在兩側推擠的交會處，都可以發現細紋的存在，就算是年輕人也是會有。在老化的過程裡，肌膚的彈性會慢慢降低，胸部的細紋也會逐漸變成皺紋。

　　此外，睡眠的品質也很重要，一般人平均一週只有三至四天睡的還不錯。睡眠的任務之一是再生膠原蛋白和彈性蛋白，但如果睡眠品質長期低於水平，會阻止身體第四階段——快速眼動的運作，而加速皺紋產生，特別是胸部的皺紋。

大多數研究表示，週五和週六是我們睡得最沉的日子，所以可以趁週末儲蓄睡眠。然而現在，特別是城市，週末入夜後直至深夜（假設沒有到清晨）卻都還是社交時間。之所以稱「美容覺」絕對是有原因的，沒有足夠優質的睡眠，我們就會像童話故事裡，沒有魔法的加持、當不了華麗馬車的南瓜。

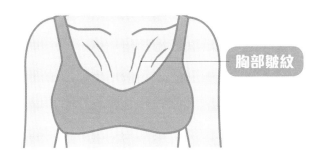

胸部皺紋

你可能會思考，為何女性的胸部比男性更容易有皺紋，因為熟眠和睡姿對男性及女性胸部皺紋生成的影響力一致。影響女性乳房的第二個因素是——重力。軟組織因為重力向下拉伸太久後，過分延伸乳房懸韌帶（Cooper's Ligament）或是弱化乳房懸韌帶的固定功能，引起胸部的皮膚被過度延展，都會導致乳房下垂。

　　現在我們了解皺紋是什麼，以及造成皺紋形成的原因和出現部位，那麼接下來重要的是要了解不同的膚況，然後針對個人肌膚類型與皺紋的生成，盡早採取預防的措施。

第 5 章

肌膚更深處

肌膚類型

肌膚的類型有很多種，費茲派屈克量表（Fitzpatrick Scale）依據皮膚的黑色素量，將皮膚劃分出六個等級，這個量表對於形成皺紋的可能性有多大，提供了一個很好的指引方向。量表中刻度愈高，代表皮膚所含的黑色素就愈高，因此紫外線對皮膚的影響和老化導致的皺紋增生，就愈低。

皮膚種類	皮膚特徵	皮膚晒黑的程度
一	蒼白的肌膚	只會晒傷，不會晒黑
二	白皙的肌膚	容易晒傷，不容易晒黑
三	肌膚偏白	晒傷後，皮膚才會變黑

四	（淺棕色肌膚）	晒傷程度輕微，容易晒黑
五	（棕色肌膚）	很少晒傷，非常容易晒黑
六	（深棕色或黑色肌膚）	從不會晒傷，只會晒黑

　　這個量表也能指出，哪個民族最容易罹患如皮膚癌、惡性黑色素瘤（Malignant Melanomas）等惡疾。只要快速瀏覽一下量表就能發覺，大部分的病例來自於第一類和第二類膚況，而且根據研究粗估，百分之九十皮膚癌都與日晒有關，普遍好發於澳大利亞和紐西蘭的高加索人種。

　　這個量表還告訴我們，得到早發性皺紋比率最高是白種人。皮膚功能牢固的深棕色或黑色皮膚屬於第六類膚況，意味著他們天生擁有類似防晒係數 30 防曬霜的自

然防護層，所以深棕色或黑色皮膚的人很少被晒傷，要一直到很後期，在紫外線分解皮膚的膠原蛋白之後，晒傷的狀況才會比較明顯。

所以清楚自己的膚況類型非常重要，它能幫助我們清晰判斷，免於疏忽重要的預防措施，指引我們朝向健康的生活型態。另外，即便深棕色或黑色皮膚不太有美容上的困擾，依然必須好好保護自己的皮膚。

美容產業將討論焦點放在白皮膚的人身上，卻忽略了**深棕色和黑色皮膚的人仍有罹患皮膚癌和黑色素瘤的風險**，這樣真的很危險。因此相較於白人，深棕色和黑色皮膚的人種，要到更後期或是更末期時，才會被診斷出罹患疾病。在二〇一七年一個研究證實，黑人被診斷出晚期黑色素瘤的病例，比其他人種高出四倍，跟有相同診斷的白人相比，多出了一・五倍。

這裡產生一個古怪的悖論：**那些最不可能死於皮膚癌的人，卻是最有可能死於皮膚癌**。我們必須把這件事作為重要的提醒，如果連能預防的疾病都預防不了，那麼那些追求容顏改善的言論，就都是沒有意義的胡扯。

而在這一到六類膚況的定義裡，我們沒有特別提到的差異，就是男女性別的差異。

男性肌膚 vs 女性肌膚

　　我們這些不容易被冒犯或是善於接受批評指教的人，很能接受別人戲謔我們是「厚臉皮」。無論是否認同這個恭維，這個存在確實合理。有許多研究指出，男性肌膚和女性肌膚存在不同的特徵，因此我們可以預測，某一性別比較容易罹患或是避免一些皮膚方面的疾病。

　　皮膚比較厚是好的，因為厚度會包含更多抵抗皺紋的膠原蛋白和彈性蛋白，有保溫效果較好、皮膚 pH 值更偏中性等各種好處。

　　研究顯示，皮膚整體厚度會隨著時間而變薄，這無疑讓提早抗老、抗皺變得更加要緊，因為隨著年齡增長，皮膚緊緻度的流失與減緩皺紋的出現，會愈來愈難預防。有趣的是，男性從二十九歲以後，皮膚層會開始變薄，而女性到五十多歲大致會保持不變。

　　對女性來說，這是個好消息，但在厚度上，女性並不完全處於優勢。事實上，男性還是有優於女性的地方，而且是很大的優勢。男性皮膚比女性厚約百分之二十五，即便女性肌膚厚度要到晚年才會減少，而男性會隨年齡被逐步遞減，但還是比女性多百分之二十五的

厚度可以去面對。不過，我們還是強調，男性也應該謹慎照顧皮膚，而且平心而論，大多數男性在晚年時，比女性更容易產生皺紋。

皺紋，不僅僅是皺紋？

如前面所說，你的皮膚，特別是臉部區域，可作為整體健康的臨界線測試（Litmus Test）。眼袋和黯淡灰暗的膚色，說明睡眠不足；而潮紅狀態、在無須防晒的陽光下，卻被晒傷；有部分皮膚乾燥脫皮，表明皮膚無法留住水分，並且太過乾燥。比起每日擔心膚色，皺紋的存在更能證明我們的工作過量。根據一項新研究中所舉的例子，前額的紋路深，不僅僅是臉部驚訝表情所造成的。

前額皺紋可能是心血管疾病的特徵。動脈粥狀硬化會在動脈聚集硬塊，硬塊會使血液無法正常的在全身流動，當硬塊完全堵塞血管時，會引發心臟病及中風。硬塊與前額皺紋的科學關聯是，動脈粥樣硬化會造成身體裡的膠原蛋白氧化（Oxidative Effect），由於前額血管很細、肌膚很薄，前額皺紋的產生，其實是因為硬塊阻塞血管，導致膠原蛋白氧化，修復活化的功能降低。這

時候，前額皺紋就成了動脈粥樣硬化的早期訊號。

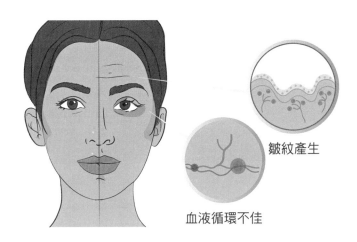

皺紋產生

血液循環不佳

　　儘管聽起來很可怕，但重點是要提醒你，你最應該先關心的，是把例行的常規生活方式與維持身體機能的健康，連結在一起。

　　我們很容易在美容保養時犯錯，所以我們應該要先從身體機能的角度，理解皮膚和臉部的物理變化。

第 6 章

每日「二」
保養清單：
第一部分

· 注意 ·

如果您直接跳到本章閱讀，我們一樣歡迎您。

對於人們急著想要知道簡單、快速的修復策略，我們並不意外。這也是為何我們的保養流程方案簡短，且無須事先閱讀其他指引即可使用。但是請記得，多花一點時間理解皺紋產生的原因以及好發的部位，才能將除皺的效果提升到最大！

管理期望

我們可能多少被美學愚弄，以至於我們期盼這些美容保養方案，能奇蹟似的解決我們身上所有不合美學的瑕疵。你可以使用我們提供的措施，它們都能有效對抗皺紋。但是要注意，抗皺人士要把形象留在某個時期，認為「這樣才是我」，於是不計一切要去除美學上的缺陷，以符合審美標準。不過正如我們所討論，老化不僅僅是皺紋，尤其**臉部的老化涉及整個身體結構的變化。不要以為除去六十五歲男性或女性臉上的皺紋，就會回到二十歲的臉龐。請放下這種預期的心理！**牢記以下的例子，**你才會有合理的期盼。**

如果你曾經是一顆葡萄，發現自己變成一顆葡萄乾，即使皺紋完全逆轉，重建皮膚彈性和膠原蛋白，也不會讓你重新回到黃金葡萄的時代，頂多是成為一顆顏色較淺、含水度較高的蘇丹娜的葡萄乾。

如何阻止皺紋形成？

讀過前面幾章，知道皺紋產生的幾個主因之後，我們列出一套容易實踐的日常保養清單，幫助你防堵皺紋的出現。

「基本」之所以偉大，在於它可以容易實施，而且絕大部分都是免費。如果不是免費，至少都不貴。以下的清單，你可以記起來並問自己，每天都有做到嗎？

每日「二」保養清單

· 喝二公升的水

· 補充二份益生菌和二份膠原蛋白

· 塗二次防晒係數 30 的潤膚霜

· 花二分鐘清潔臉部

· 注重睡眠的二個要點：睡眠衛生和睡眠品質

我們接下來會詳細解釋這份清單，讓你取得空前絕後的成果。如果我們想要先一步制止因擔憂老化而產生無止盡的嘆息，那麼，你要確定你吃下肚的東西，是那些能使身體長期充滿活力、皮膚富有膠原蛋白的必要營養。**如果你不能戒除不良的飲食習慣，你就無法擺脫不良的膚況。**

本章我們會列出清單前三順位的實際操作內容，看看究竟有哪些。它們簡單明瞭，能讓你現在立刻就付諸行動。

喝二公升的水

每天絕對至少要喝二公升的水，不要以為可以用茶、咖啡、果汁、冰沙或雞尾酒來替代水。要你不去喝那些無益於補水的液體沒太大意義，雖然減少飲用它們確實可以提升效果。但反正不管你喝了哪些液體，兩公升的水都不能省略。

適當的補水，能維持身體重要的機能，讓身體處於能完全的工作狀態，並帶來一堆好處，例如能幫助皮膚正確的調節體溫，保持正常的血

壓，潤滑關節，防止膠原蛋白過早分解。體內水分充足的人，皮膚會顯得柔軟豐滿，特別是在臉上，而這恰恰能減少皺紋的出現。

● 喝更多水和戒咖啡

如果你每天至少都有補充到最低的水量，那麼接下來你可能會問：「我還可以再更進一步嗎？」好問題！答案就是：喝更多的水 & 戒咖啡因。

如果你每天都會鍛鍊身體，喝二公升的水其實不多，而且只要維持喝二公升的水，就會對你的全身健康產生巨大地影響。你飲用的水量愈高，對整體的身體健康、幸福感、焦慮度、膚色的正面影響愈大。

研究證實，每日飲水量增加到三公升，可以使一個人的外貌年輕十歲，而且只要兩週就可以看到顯著的效果。

絕大部分在解決問題時，提供的解決方案通常都是愈簡單、愈有效。好消息是，如果你能大膽戒除咖啡因，那麼正面效果會成倍增加。對於許多病人而言，這聽起來或許難以想像，就像對百分之八十三每天早上必喝咖啡的人來說，要他們放棄早上透過咖啡香來提振精神，幾乎是不可能的。但如果我們告訴你，讓你疲憊並

且長皺紋的原因就是咖啡因，你還會想喝咖啡嗎？

　　想追求完美膚色，補水就是王道，因此仰賴脫水飲料（茶、咖啡、冷飲、能量飲料等）自然是背道而馳的行為。更不用說這些脫水飲料，是透過增加心率和血壓來強化身體，所以肯定會帶給身體壓力。但諷刺的是，你需要第二、三、四杯咖啡，是因為你喝了第一杯咖啡（Cup of Joe）之後，短時間內獲得人為能量（緊張焦慮），需要持續避免體力崩盤。與其他藥物一樣，我們會對咖啡產生耐受性，而它所產生的影響會大於我們的預期，因為耐受性，會使體力持續崩盤直到深夜，並阻撓快速眼動期的睡眠，而這正是你可以重建和補充膠原蛋白與彈性蛋白的唯一時間。

　　壞消息是，在你戒除咖啡的過程會出現兩到三天強烈的戒斷症狀，不過這是很有價值的信號，可以讓你思考一下，你喝進體內的究竟是什麼。再歷經三天起伏之後，驚奇的事情就會發生了，最顯著的效果就是你重新獲得適當的休息和睡眠重生（Regenerative Sleep）。

　　因此，最好的做法是以熱開水代替早茶、咖啡。如果你仍然需要依賴早上來一杯飲料好提振精神，那麼你可以改用檸檬、生薑、蜂蜜的香氣來喚醒神智。戒除咖啡因似乎是一個極端的步驟，但它符合我們的重點——

價廉、高效率。有些人是這麼說的，最初幾天用熱開水代替你過去的習慣，讓你不再需要每天到咖啡店消費兩杯咖啡，也就是說，每年你還能省下兩千英鎊（約台幣七萬兩千多元）。

補充二份益生菌和二份膠原蛋白

醫學之父希波克拉底（Hippocrates）的經典名句，「所有疾病都始於腸道」（*All disease begins in the gut.*），這裡指出一個事實，腸道健康狀態不佳和益生菌不足，對我們的整體健康以及皮膚質量都會產生巨大的影響，這也再次提醒我們「美麗來自內在」（*Beauty comes from within.*）。

● 益生菌

儘管健康、均衡的飲食非常重要，但二份益生菌對你的身體影響更深。請記住，你的臉部、胸部和頸部皺紋是你如何度過一生的可見證據，也是你整體飲食的關鍵指標。

我們不會在書裡警告你留意那些過度加工的肉類、

素食或純素食餐點。這對你來說，也可能不是新消息了。這裡我們偏重在如何獲得最佳的皮膚健康，以及預防和減少皺紋產生為目標，所以你每天至少必須在兩餐的飲食之中，加入一種益生菌。

通常與腸道健康相關的食物大都屬於發酵食品。**發酵食品含有豐富能支持健康腸道或說是腸內微生物群（Microbiome）生存的益生菌。**尤其最近這幾年這個消息才曝光，原來腸內微生物對我們整體的健康影響極為重要，包括大腦、消化和免疫系統，以及身體最外層的美容特徵。

這個例行的程序很簡單，只要每天吃二份發酵的全天然食物。而最快捷的方法，是將它們納入你目前的飲食計畫，例如鮭魚魚片、米飯、綠葉蔬菜和發酵的韓國辣白菜，也就是泡菜（Kimchi）。或者早餐吃一碗水果、漿果、各類種子和克菲爾（Kefir），這是一種由牛奶發酵衍生、充滿益生菌的優格飲品，它也百分之九十九不含乳糖，加在穀物、冰沙和蛋白質奶昔中，可作為絕佳的益生菌補充。

以下是完整列表，你每天可以從中選擇兩種食用：

- ◆ 韓國泡菜
- ◆ 克菲爾優格飲品
- ◆ 味噌（一種由發酵大豆製成的糊狀物，經常出現在湯中）
- ◆ 酸菜（切碎的發酵卷心菜）
- ◆ 酸麵團（由發酵麵團制成的麵包，更容易消化）
- ◆ 康普茶（發酵茶）

　　還有許多食物是益生菌喜歡的，也很容易加到日常飲食中。但這些並不是發酵食物，不過對維持良好的腸道健康能發揮重要的功效。這些食物你在家中或許都能找得到：

- ◆ 特級初榨橄欖油
- ◆ 杏仁
- ◆ 香蕉
- ◆ 大蒜（不僅僅是殺吸血鬼，大蒜也是強大的抗皺殺手）
- ◆ 薑（你可能已經加在早上的熱開水裡了）

● 膳食膠原蛋白

回憶一下第一章內容，膠原蛋白是人體內含量最多的蛋白質，主要負責人體構造、皮膚的穩定性和強度。**膠原蛋白被分解，是皮膚健康惡化導致皺紋形成的重要原因。**因此增加體內膠原蛋白的儲存量，已被證實可以改善皺紋的外觀和深度，尤其是臉部和頸部區域。

在二〇〇六年到二〇一八年的一系列研究中發現，持續攝取膠原蛋白會明顯增加膠原蛋白的直徑和密度。每天食用七公克市售的膠原蛋白補充品，會增加臉部、頸部、前臂和胸部的水分含量，而且皮膚的柔韌性和彈性也會有明顯的改善，可以讓皮膚光滑度變好，皺紋減少。

對執行每日「二」保養清單的人來說，每天食用膠原蛋白是必不可少的例行事項之一，而且正如我們一貫的建議，你應該盡可能從富含營養的全天然食物中，獲取每日的必需劑量。

只要將以下食材添加二份到飲食中，就發揮能最大程度的減少皺紋：

- 牛肉
- 魚肉
- 蛋
- 雞肉
- 豆類或豆漿
- 奶類產品

　　尤其大骨高湯的功效超乎我們的想像，因為它們充分利用了肉的所有營養價值，並且含有保存在骨骼和骨髓中的重要膠原蛋白。雖然膠原蛋白補充粉不算全天然食物，但還是可以添加到奶昔中或混合到飲食中，以獲得每日所需的膠原蛋白。

　　切記，有件事也同樣重要：**膠原蛋白的最佳攝取方式，是搭配等量的必需維生素，尤其是維生素 C**，因此要確認你的飲食固定有：

- 生或蒸熟的綠色蔬菜
- 柑橘類水果
- 紅辣椒和青椒
- 生的、蒸熟或烤熟的綠花椰菜

　　以上這些食物都含有豐富的維生素 C，能幫助膠原蛋白的吸收。

● 乳製品對全素食者或一般素食者沒有好處？

直到最近，任何具有高度生體可用率的膠原蛋白（換言之，能帶來有實質意義結果的來源），只會是動物性來源。近期有許多使用合成植物性膠原蛋白的產品上市，但必須強調的是，這些不是飲食產品，而是外用乳膏。實際情況是，全素食者和素食者還須好一番奮鬥，才能從日常飲食獲得補充到膠原蛋白。更值得注意的是，由於全素／素食的飲食條件限制，他們食用的食物，多半是以高度精製的穀物、澱粉、加工類肉替代品，高量小麥蛋白和高糖含量加工食物，所以全素食者和素食者必須很注意他們所食用的食物品質。

要記得，美麗是由內而外的，因此飲食內容若遠離乾淨、天然的全食物，那麼健康和美容便會不斷的出現警訊，例如凹陷、乾燥和暗沉的皮膚、頭髮、指甲，當然還有皺紋。全素食者和素食者應加倍遵照每日兩種保養清單的其他例行內容，例如將飲水量改為每日至少三公升，發酵食物的攝取量增加到每日三種。

塗二次防晒係數 30 的潤膚霜

費茲派屈克量表讓我們知道，並非所有皮膚的狀況都一樣，但同時間**無論你的皮膚類型如何，皮膚所需要的防護要訣並沒有差別**，所以都要重視對皮膚的保護。我們也知道，並非只有在夏天，或者是晴朗無雲的天氣，才會有引起皺紋的紫外線。

只是市面上充斥著數以千計的潤膚霜，它們聲稱可以重建膠原蛋白和彈性蛋白，讓時光倒流。而且這些潤膚霜、乳液和染膏感覺是很有效沒錯，但瀏覽這一堆產品反而會使我們眼花撩亂，不知道該怎麼做選擇。所以，我們要讓這一切變得很簡單。

要在防止臉部、頸部和胸部皺紋的形成和減少皺紋方面，取得最佳的效果，你需要選擇一個同時含有這三種基本必要成分的潤膚霜，再多就不需要了：

◆ 優質保溼霜

◆ 礦物質高密度性、防晒係數 30

◆ 維生素 E

　　優質保溼霜是以水為基底或水性的潤膚霜，透過將水分鎖在皮膚表面，維持皮膚全天的含水量，從而產生豐盈飽滿的膚色，最重要的是能軟化硬紋，並減少皺紋的深度。保溼步驟必不可少，假設你使用的是防晒係數至少 30 的潤膚霜，效果會再明顯提升。

　　而潤膚霜當中的化學成分，具有過濾及防禦紫外線的能力，可防止有害污染物和輻射線對皮膚產生負面的影響。

　　隨著皮膚癌確診率不斷上升，世界衛生組織提倡所有防晒霜都可以安全使用，這個建議很正確，我們也完全同意，因為有壓倒性的證據表明，防晒霜可以保護皮膚，避免罹患癌症。

　　然而談到紫外線的防護和皺紋，我們在每日「二」保養清單的潤膚霜選擇中，納入了一個重要的因素。

　　防晒霜的成分中，有透過化學物質達到防晒作用，例如氧苯酮或阿伏苯宗，但也有使用礦物成分來過濾掉紫外線的面霜。而我們推薦你使用後者。用來過濾紫外線的礦物質，例如氧化鋅或氧化鈦，是唯一普遍被認為在使用上既安全、又能有效過濾紫外線的礦物成分。

　　礦物性質的過濾器可保護皮膚免受紫外線的傷害，並且不會傷害皮膚本身。另一方面，用化學物質做為紫

外線的過濾器，雖然可以阻擋紫外線，但本身也會滲入皮膚，對真皮層造成損害。更諷刺的是，它會破壞皮膚基本的彈性結構並導致皺紋產生。

因此，想要能防禦紫外線，又具美容功能，你必須選擇僅含有礦物質（有時稱為「物理」）作為過濾器的防晒保溼霜。

想要保養清單裡的潤膚霜，功能達到終極神聖的三位一體，你還必須選擇成分含有近乎魔法的維生素 E。作為重要而強大的抗氧化劑，皮膚科早已使用維生素 E 超過五十年，它的用途涉及許多護膚領域，包括治療溼疹，逆轉皮膚鬆弛。更重要的是，維生素 E 能治療皮膚老化。我們把它含括在這裡的原因是，維生素 E 能夠清除大量損害肌膚的自由基。隨著愈來愈多的人生活在城市地區，維生素 E 可為絕大多數人提供高規格保護效力，抵抗那些在不知不覺中接觸到的污染物，像是都市裡最常見的空氣污染。

關於果酸換膚、水飛梭和肉毒桿菌素的注意事項

對於大多數人來說，自然健康的皮膚是理想目標，而每日「二」保養清單的美妙之處在於，執行方式與成效都是可預期、可期待的，所以無須特意花時間找醫生動刀，加上愈來愈多的醫學療程不是追求自然的膚況，因此在本書中，我們不推薦這些醫學療程，也不贊成侵入式的做法，因為以這個方式所追求的美麗身體很不真實，也無法保證其結果能符合你的期待。

不過，我們確實想簡單的介紹三種護膚程序，因為它們花費不高，又是目前的潮流選項。

請注意，如果你過去或最近做了這些療程，每日最基本的保養就是確保你認真執行每日「二」保養清單，因為這些方法不僅操作方式自然，而且已證實一定可以得到符合預測、有效的結果。正如我們準備要討論的，快速修護聽起來不錯，但它從來就沒那麼簡單。

● 果酸換膚

不要與保溼面膜混淆，臉部換膚有很多種形式，最受歡迎、也是最溫和的就是果酸換膚。

果酸換膚可以由美容師執行，也有成套裝備可以在家自行 DIY，但自行操作仍然比較令人擔心。在家裡使用這些設備雖然很安全，但我們仍要強烈建議無論是哪種酸類療程，最初幾次仍先由專業人員執行會比較好。然後，你可以聽取他們的建議，確定哪種 DIY 設備最安全且最適合你的皮膚。

果酸換膚是水溶性的，所以只會影響皮膚的表層，會引起輕微的炎症，然後去除死皮，去除角質並加速細胞更新。實際上，果酸換膚對減少皺紋的效果尚無定論，雖然產生新細胞並不是件壞事，但去角質與膠原蛋白或彈性蛋白的修復、以及維護之間有沒有關聯。這類實施方案是為那些皮膚有狀況，比如粉刺、疤痕或膚色不均者所設計的，對他們來說就非常有效。

● 水飛梭

　　然而對水飛梭來說，療程略有不同，這是一項四步驟的非侵入性程序，包括清潔、去除老廢角質、拔除毛孔髒污，用探頭裝置（Pen-like Device）將精華導入毛孔。實際上，過程精細的精華導入是臉部排毒──去除黑頭粉刺和疏通毛孔，並用保溼添加劑代替它們。雖然療程不便宜，但與病人期望達到皮膚飽滿、膚色明亮水潤、皺紋減少的結果一致的。

　　再次強調，選擇這個療程必須是信守、認真執行每日「二」保養清單，不會拿其他保養方式替代，並且是想要減少、而不是阻止皺紋發生的人。

● 肉毒桿菌素

　　最後，使用可注射物質治療皮膚，尤其是臉部皺紋，此療程在過去二十年中幾乎呈幾何級數的增長。最常見的藥物是肉毒桿菌毒素（Botox），本質上是一種來自肉毒桿菌的毒素。

　　在過去，肉毒桿菌中毒通常是瀕臨死亡或確實會致命的經歷，意味需要立即就醫。如今，它是最常見的美

容療法之一。它的作用在於毒素（稱為神經毒素）與神經和肌肉之間的連接處結合，導致肌肉無法移動或收縮，從而失去所有力量和張力，使得皮膚放鬆和線條變平，對因肌肉活躍型運動所引起的紋路（如皺眉和前額紋以及魚尾紋）效果最大。而與普遍的看法相反的是，它不適用於已經流失肌肉的下垂皮膚，雖然它在嘴巴周圍效果很好，但它太容易引起流口水，所以在嘴巴這個區域很少使用。

肉毒桿菌素被認為是一種回應性、而非預防性工具。然而，一些較年輕的族群堅持要先使用它來阻止皺紋的形成，**尤其是魚尾紋、前額和皺眉紋**，因為阻止這些區域移動能避免皮膚產生皺褶，因此就可以防止皺紋的形成。

此外，肉毒桿菌毒素會在注射三到四個月後消失，這是因為在神經和肌肉之間的連接處形成了新的受體，肌肉再次開始運動，因此必須重複治療。

肉毒桿菌療程並不便宜，一旦開始就很難停止，因為療效會消失。與大多數非自然療法一樣，通常是短期獲利、但長期損益。如果你正在考慮進行此類療程，請務必記住這點。

每日「二」保養清單的最後一部分和之前的一樣簡

單，但我們依然會個別說明。因此，我們會在第七章和
第八章中分別講述：

> **每日「二」保養清單**
>
> · 花二分鐘清潔臉部
> · 注重睡眠的二個要點：睡眠衛生和睡眠品質

每日「二」保養清單：第二部分

花二分鐘清潔臉部

現在關於正確塗抹乳霜的忠告和方法俯拾即是，再三強調它們只會被認為是老生常談，然而顯而易見的，這與你塗在皮膚上的東西無關（儘管這些敷料當然有幫助）。重要的是你正在帶走什麼，或者更確切的說——你是如何帶走它的。許多這類實際的行為發生在夜間，使肌膚持續相互摩擦的例行「護膚」中，而且這個過程的重要性，被普遍低估。

每次看到人們在使用護膚品時所採取的護理方式，實在使人費解，他們好像不擔心臉部皮膚正受到重度摩擦，以及從左到右的拉扯和延伸。像是使用過燙的水和使用通常很粗糙的法蘭絨和墊子去角質跟抹掉乳液，都是常見的手法。如第三章我們所提到的，這些例行步驟都會導致外力記憶，這與最新潤膚霜的神奇逆轉力相抗衡，而相抗衡之後，很顯然讓皺紋產生的力度會勝出。

卸妝、洗臉和塗抹潤膚霜都應遵循相同的公式：**不磨擦和低力道，以防止外力記憶的影響，同時刺激真皮層，支持膠原蛋白和彈性蛋白的再生。**

下方圖將臉部分成了四個部位，把事情簡單化：

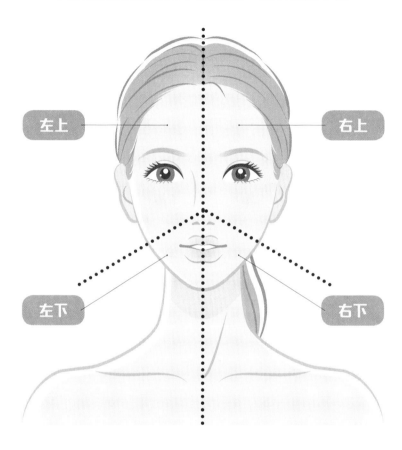

左上

右上

左下

右下

黃金法則是從中心開始向外移動，以流暢的動作分別
著重在臉部每個部位，確保將有害的外力記憶降到最低。

上方兩個部位略大於下方兩個，這是因為眼睛周圍
的皮膚很嬌嫩，所以清潔動作要順著顴骨的自然輪廓，

其餘都是一樣的：**輕輕擦拭、不要搓揉。**

　　個別單獨看左上角位置，記住這個手法！用微溫（但最好是冷水）水沖洗臉部後，使用墊子或超細纖維法蘭絨，從鼻孔沿法令紋的上部邊界輕畫（如下圖所示），然後往上動作，特別注意要始終朝同一方向移動，而不是來回移動。

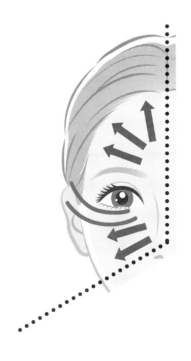

▲ 朝同一個方向，由下往上移動

眼睛下方的區域是皮膚最脆弱的地方，很容易受到外力記憶的影響，而且很容易變得粗糙，特別是如果上下眼瞼上有睫毛膏。

要記住，摩擦皮膚會破壞優質面霜想要達到的所有效果，因此在以正確方式清潔眼睛區塊時，必須要有耐心，然後繼續對其他區塊重複相同的動作。從開始到結束應該不會超過兩分鐘。

這種方法最適合用來卸妝，而且不會觸發外力記憶的機制，使皺紋提早出現。

二〇一七年的一項研究表明，以此方式按摩皮膚，會觸發第二個重要機制：影響細胞行為和增加皮膚的蛋白質和結實度。該研究評估了臉部皺紋、皮膚紋理、唇部區域、臉頰皺紋、頸部下垂和頸部紋理等關鍵問題區域，發現按摩皮膚能引起明顯的抗衰老反應，從而加強了晚霜和日霜的效益。

清潔具備的雙重行動，是預防和逆轉臉部和頸部皺紋最強大有效的方法之一，而我們要掌握的基本原理就是——**輕輕擦拭、不要搓揉**。

第 8 章

美容覺

要好好睡覺

現在進入每日「二」保養清單中最後一個例行工作。我們要先理解，睡眠永遠是探討健康、財富和營養中唯一不變的主題，這也就是為什麼睡眠的恢復作用對美化外表（Cosmetic Appearance）來說很重要。

不止是全球的失眠者和打鼾者有睡眠問題，所有不同年齡層的成年人，都有睡眠中的再生階段——第四階段深度睡眠和快速眼動睡眠——長期不足的狀況。這是由於現代職場工作的需求，加上夜晚無休止的娛樂活動，導致睡眠時間不足，無法進入常規的再生睡眠，這也就意味著身體無法修復膠原蛋白，導致皮膚不健康、暗沉、鬆弛有皺紋。

我們提到過，乳霜、微整形、例行保養流程確實可以有效降低並除去皺紋，但必須在一個目前普遍不被重視到的前提之下：那就是只有在你身體基礎防護機制運作的狀態下，每日「二」保養清單的功效才能持續發揮。簡單說就是，**你不能不睡覺**。

什麼是「睡眠衛生」？

改善睡眠的第一步是考慮您的睡眠衛生。「衛生」（Hygiene）這個詞讓人想到睡前的個人清潔，像是乾淨的寢具，整潔的臥室。雖然這些要素確實有助於夜間更好的休息，但適當的睡眠衛生我們是指：在心理上，從日間警戒狀態調適為進入健康睡眠狀態的例行過程。

我們觀察到一個關鍵現象，我們的床不再只是休息的場所，而是日常生活空間的延伸。現今在臥室裡看電視、看電影、玩遊戲、閱讀和吃飯都屬常態，而這正是我們需要改變的地方。

因此由上述我們理解到，每日「二」保養清單中所定義的睡眠，因生活習慣轉變也會有顯著的不同定義。這些變化會讓睡眠失衡，因此品質變差。為此，我們規劃以下藍圖，並請你在有能力的情況下，採納這些建議，慢慢的讓它們成為一種習慣。我們保證，只要讓這些建議在不知不覺中成為生活的一部分，你就能有好的睡眠品質，並且很快的從健康的身體和肌膚中獲益。

睡眠衛生的藍圖

　　這份清單並非鉅細靡遺的羅列所有正確的睡眠衛生概念，而是**強調關鍵第一步**，並**把臥室重新定義為「與睡眠相關」的重要地方**。

1. 睡前不要吃高熱量的食物，並注意夜晚零食中的成分，例如別吃巧克力。

2. 完全戒掉讓你興奮的飲料，例如茶和咖啡。如果戒不掉，至少在睡前二到三個小時要避免飲用。

3. 要盡量避免在晚上做劇烈運動，建議改成上午或下午做運動。

4. 白天要出門！盡可能接受自然光的曝晒，會有助
於調節你的生理時鐘。

5. 即使很累也要避免午休。只要跟隨正確的養生之
道，你會看到你的能量水平上升，而午睡將會成
為過去。

6. 睡前至少提早一小時關掉筆記本電腦、電視、收
音機，並且闔上這本書。因為精神刺激會阻止我
們進入恢復性的睡眠。

COVID-19 造成我們生活極大的改變（以及一些可能不言而喻的好處），例如 COVID-19 減少了許多人每天的通勤時間。雖然我們希望能夠迅速回復到傳染病大流行之前的工作狀態，但整體來上，它提供我們前所未有卻又真實的機會，得以實踐前面列出的各項建議，並且完成度極高。

對大多數人來說，能在床上多睡一個小時是一種安慰，但這也可能會導致前一天更晚睡。所以請盡量抗拒想當夜貓子的衝動。儲存快速動眼期的睡眠，是眾多最強保養工具中的一個，既可以自然抗皺，而且必要的休息更有益心理健康。

如果夠勇敢，我們建議你關掉鬧鐘。早晨多出來的時間，非常適合拿來測試我們的身體僅憑藉生理時鐘、睡到自然醒。鬧鐘焦慮或對起床時間迫近的恐懼，也可能是晚上無法入睡的主要原因，它讓你的一天由上升到臨界點的皮質醇（壓力荷爾蒙）開始，因為破曉的鈴聲會讓你驚醒。隨著時間的推移會導致高心跳率，而最令人擔憂的是高血壓。如果擔心自己會睡過頭，可以先從週末開始練習，但你肯定會自然醒來，而且通常會比你設定的鬧鐘還要早一點醒來，即使是在休息充足且毫無壓力的狀態下。

雖然這個保養程序，看起來是每日「二」保養清單中最簡單的，但實際上，你必須努力消除那些根深蒂固、阻礙你睡眠的行為。最好的建議是每週進行二次睡眠藍圖行動，讓自己輕鬆養成新的睡眠習慣。

第 9 章

捐血

在總結超簡單的除皺指南之前，你還可以考慮執行一件事，而且到最後你不只是在執行每日「二」保養清單上的內容，而是成為每年自發性會做一兩次的行動，我們可以保證，它除了具有逆轉皺紋的好處，對整個社會福祉更是有益的影響。

捐血幫你扔掉鐵

捐血通常意味著給予另一個人生命的禮物，任何人都可以捐血，但實際上很少有人做。許多人遭逢緊急情況或需要長期照護時，才會發現血是救命繩。如果你發現自己缺血，你會立即接受它，這就是為什麼當他人提供生命運作最基本的東西時，回報是如此重要。為何我們在談幫助別人呢？這本書不是在講述你和你與衰老的日常鬥爭嗎？

身體需要多種維生素和礦物質，這些維生素和礦物質對我們從童年到成年的成長和發育至關重要。在這個過程中最重要的礦物質之一是鐵。它在紅肉、家禽和魚類中含量最多（也存在於綠葉蔬菜和果乾之中），並被身體利用來產生血紅蛋白（Hemoglobins），血紅蛋白會把氧氣從肺部透過紅血球，輸送至全身各處。

然而鐵對於身體，並不完全都是正面的。是的，它提供身體最基本的運作，但它仍然是一種高活性金屬，如果沒有適當排出體外，會造成身體嚴重的損壞。一個健康的女性能夠透過月經周期管制鐵含量，排出多餘的血液，維持鐵的含量在健康且可供身體機能運作的數值。然而停經後的女性和男性一樣無法排放鐵元素，結果體內，包含皮膚部位的鐵含量都會上升，最終過量的鐵會產生氧化作用。這雖然是一個緩慢的過程，但依然會逐漸對我們的皮膚細胞功能和結構造成壓力，並且……產生皺紋。

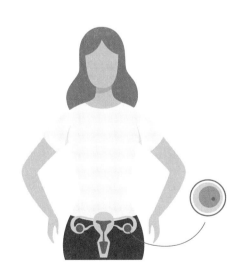

假設這個氧化作用持續惡化、傷害身體，對你而言，長皺紋就已不再是最要緊的，肝臟、大腦、肌肉和腎臟的受損才更是你要去關心的。

當然，大量研究表明，鐵元素過多的人，經由簡單的飲食調整可以從身體系統中排出鐵。至於缺乏鐵元素的人，前面提到推薦的補充品，就是補充鐵的營養品。特別要注意的是，使用特定的抗氧化劑，包括薑黃、綠茶和我們的好朋友維生素 E，絕對有益而無害。

此外，有一種更有效的方法可以清除聚積在體內的鐵，防止它損害皮膚、引起皺紋——捐血！

曼甘博士（P. D. Mangan）的論文〈扔掉鐵：如何擺脫這個祕密殺手並恢復健康〉（*Dumping Iron: How to Ditch This Secret Killer and Reclaim Your Health*）表明，確保個人和社會福祉的最有效方法是定期捐血，這是目前用來預防皮膚提早老化中，最新穎、最有效且最簡單的方法。

儘管在一個小時的無痛時間內，可以挽救生命並改善自己的健康，然而在有資格捐血的人之中，竟然有百分之九十的人未捐過血。一般原則是，男性每年可以捐

四次，女性每年可以捐三次，直到七十歲。

如果可以，請捐血，這對你很好，對社會也很好。

　根據臺灣衛生福利部的捐血者健康標準規定，每次捐血以二五〇毫升為原則，但體重六十公斤以上者，每次捐血得為五〇〇毫升。每次捐血二五〇毫升者，其捐血間隔應為二個月以上；每次捐血五〇〇毫升者，其捐血間隔應為三個月以上。男性年捐血量應在一五〇〇毫升以內；女性年捐血量應在一〇〇〇毫升以內。年齡限制為十七歲以上，六十五歲以下，一般健康情況良好。

　　我們希望本書能幫助你更好的了解，皺紋是什麼（實際上它們不是什麼）。同時也展示了，如何有效的採取必要的措施，用來減少和預防皺紋。我們盡力破除皺紋「不可磨滅的名聲」，將「我們都將會有皺紋」轉為積極意義的「我們不需要皺紋」。有些人確實比其他人更容易出現皺紋，有些人不容易預防和修復皺紋，但實情是，導致皺紋出現的機制，對我們所有人來說都是一樣的。

　　任何人，而且實際上是每個人，現在都知道哪些根本的行為會導致皺紋，知道採取哪些簡單而且日常就能做的保養，來達到最大防皺效果。我們更了解到，皺紋是全身緊張和壓力的主要指標之一。我們知道美容問題通常是人們決定採取行動的原因，但是請牢牢記住，除皺應該是為了支持身體整體健康和福祉，只是恰好連帶的對皮膚產生了一些驚人的影響。

要充分利用這本書，首先要對你的生活方式進行評估。我們希望你客觀仔細的評估，什麼對你是真正重要的。掌控你的健康和對抗皺紋，不僅僅有益於你個人，對整個社會同樣具有廣泛的影響。吃更優質的食物、節省財務、提升精力和正向能量，這些所帶來的好處都會遠遠超乎我們的預期。我們希望你能加入我們，一起推廣讓全世界的人都知道。預祝你在本書中取得最大的成功，並相信你也會是成千上萬成功人士的一員！

1   M. A. Farage, K. W. Miller, P. Elsner and H. I. Maibach, 'Characteristics of the Aging Skin', *Adv Wound Care* (*New Rochelle*), February 2013, volume 2, issue 1, pp. 5–10

2   See www.bepanthen.co.uk/en/understanding-your-skin/yourskins-structure

3   See ods.od.nih.gov/factsheets/VitaminD-HealthProfessional

4   S. A. Monteiro, B. Michniak-Kohn and G. Leonardi, 'An overview about oxidation in clinical practice of skin aging', *Anais Brasileiros de Dermatologia*, 2017, volume 92, pp. 367–74

5   Goesel Anson, Michael A. C. Kane and Val Lambros, 'Sleep Wrinkles: Facial Aging and Facial Distortion During Sleep', *Aesthetic Surgery Journal*, September 2016, volume 36, issue 8,pp. 931–40

6   M. E. Darvin, H. Richter, S. Ahlberg, S. F. Haag, M. C. Meinke, D. Le Quintrec, O. Doucet, J. Lademann, 'Influence of sun exposure on the cutaneous collagen/elastin fibers and carotenoids:negative effects can be reduced by application of sunscreen', *Journal of Biophotonics*, 2014, volume 7, issue 9, pp. 735–743

7   S. A. Monteiroe Silva, B. Michniak-Kohn and G. R. Leonardi, '*An overview about oxidation in clinical practice of skin aging*', Anais Brasileiros de Dermatologia, 2017, volume 92, pp. 367–74

8   Ibid. pp. 735–743

9   See www.verywellmind.com/global-smoking-statisticsfor-2002-2824393

10 See www.webmd.com/smoking-cessation/ss/slideshow-ways-

smoking-affects-looks-affects-looks

11 See the other books in our series: *Stop Snoring and Stop Allergies*

12 See www.skinhealthalliance.org/news/could-humidity-holdthe-key-to-looking-younger

13 Relative humidity (RH) is the most common way of measuring the moisture of the air.

14 See www.edit.sundayriley.com/how-does-humidity-affect-skin

15 B. Atwater, E. Wahrenbrock, J. Benumof and W. Mazzei, 'Pressure on the Face While in the Prone Position: ProneView Versus Prone Positioner', *Journal of Clinical Anesthesia*, March 2004, volume 16, issue 2, pp. 111–116

16 G. Borkow, J. Gabbay, A. Lyakhovitsky and M. Huszar, 'Improvement of facial skin characteristics using copper oxide containing pillowcases: a double-blind, placebo-controlled, parallel, randomized study, *International Journal of Cosmetic Science*, October 2009, volume 31, issue 6, pp. 437–443

17 See www.fatherly.com/health-science/forehead-wrinklestreatments-for-men

18 A. I. Shaweesh, H. Matthews, A. Penington, Y. Fan, and J. G. Clement, 'Quantification of age-related changes in midsagittal facial profile using Fourier analysis: A longitudinal study on Japanese adult males' *Forensic Science International*, June 2019, volume 299, p. 239

19 Y. Cao, J. Yang, X. Zhu, et al., 'A Comparative In Vivo Study on Three

Treatment Approaches to Applying Topical Botulinum Toxin A for Crow's Feet', *BioMed Research International*, July 2018, volume 2018

20 N. Malek, D. Messinger, A. Yuan Lee Gao, E. Krumhuber, W. Mattson, R. Joober, K. Tabbane, I. C. Martinez-Trujillo, 'Generalizing Duchenne to sad expressions with binocular rivalry and perception ratings', *Emotion*, March 2019, volume 19, issue 2, pp. 234–241

21 R. D'souza, A. Kini, H. D'souza, N. Shetty, O. Shetty, 'Enhancing Facial Aesthetics with Muscle Retraining Exercises – A Review', *Journal of Clinical and Diagnostic Research*, August 2014, volume 8, issue 8

22 Shaweesh, et. al, 'Quantification of age-related changes ...,'

23 See www.nytimes.com/2006/07/27/books/27masl.html?_r=0

24 F. Tseng and H. Yu, 'Treatment of Horizontal Neck Wrinkles with Hyaluronic Acid Filler: A Retrospective Case Series' *Plastic and Reconstructive Surgery - Global Open*, August 2019, volume 7, p.2366

25 See www.businessinsider.com/dutch-town-traffic-lightspavements-smartphone-addiction-2017-2?r=US&IR=T

26 See www.independent.co.uk/news/uk/home-news/officeposture-chair-hunch-back-doll-health-study-a9170316.html

27 See www.prnewswire.com/news-releases/national-sleepsurvey-pulls-back-the-covers-on-how-we-doze-anddream-184798691.html

28 Ibid.

29 Causing what is colloquially known as 'Cooper's droopers'.

30 See www.dermnetnz.org/topics/skin-phototype

31 See skincancer.org/skin-cancer-information/skin-cancer-facts

32 See www.theguardian.com/world/2016/mar/31/new-zealandhighest-rate-melanoma-skin-cancer

33 K. Mahendraraj, K. Sidhu, C. Lau, G. McRoy, R. Chamberlain and F.

Smith, 'Malignant Melanoma in African–Americans', *Medicine*, April 2017, volume 96, issue 15

34 S. Rahrovan, F. Fanian, P. Mehryan, P. Humbert and A. Firooz, 'Male versus female skin: What dermatologists and cosmeticians should know', *International Journal of Women's Dermatology*, September 2018, volume 4, issue 3, pp. 122–130

35 See www.medicalnewstoday.com/articles/322887.php#4

36 See www.cosmopolitan.com/uk/beauty-hair/advice/a35197/drinking-water-skin-benefits

37 See www.thethirty.whowhatwear.com/why-does-coffee-makeme-tired

38 See www.nowpatient.com/how-can-gut-health-affect-yourskin-and-why

39 See www.theguardian.com/news/2018/mar/26/the-humanmicrobiome-why-our-microbes-could-be-key-to-our-health

40 See www.lifewaykefir.com/why-our-kefir-is-up-to-99-percentlactose-free

41 Vollmer, et. al, 'Enhancing Skin Health: By Oral Administration of Natural Compounds and Minerals with Implications to the Dermal Microbiome' *International Journal of Molecular Sciences*, October 2018, volume 19, issue 10

42 Ibid.

43 Ibid.

44 See www.getoffyouracid.com/blogs/alkaline-info/the-truthabout-aging-vegetarians-you-might-not-like-this

45 See www.ewg.org/sunscreen/report/skin-cancer-on-the-rise

46 See /www.consumerreports.org/sunscreens/what-you-needto-know-about-sunscreen-ingredients

47 See www.clearya.com/blog/safe-sunscreen-filters-accordingto-science

48 M. A. Keen and I. Hassan, 'Vitamin E in dermatology', *Indian Dermatol Online Journal*, July–August 2016, volume 7, issue 4

49 See www.marieclaire.co.uk/beauty/skincare/face-peelseverything-you-need-to-know-253739

50 See www.instyle.com/beauty/skin/hydrafacial-treatment-facts

51 E. Caberlotto, et al., 'Effects of a skin-massaging device on the ex-vivo expression of human dermis proteins and in-vivo facial wrinkles', PloS One, March 2017, volume 12, issue 3

52 A common misconception exists around caffeine levels in flavoured or therapeutic tea blends. Jasmine and green tea, for example, have higher caffeine levels than coffee. Also, be aware that the terms 'decaffeinated' and 'alcohol-free' are used for marketing purposes. The former actually means reduced caffeine, not no caffeine. The latter typically contains 0.5 per cent alcohol.

53 See www.roguehealthandfitness.com/iron-causes-wrinkledskin

54 See www.hemochromatosishelp.com/oxidation

停止打鼾

別讓打鼾影響你的生活品質

戒除影響睡眠的壞習慣，
這樣做最簡單

邁克‧迪爾克斯 Dr. Mike Dilkes
亞歷山大‧亞當斯 Alexander Adams

劉又菘｜譯

本書特色

★從耳鼻喉外科專家角度，講述打鼾原因，以及在臨床上的不同輕重程度。

★多層面分析打鼾對生活的影響，包括身體健康、人際關係、事業及性生活。

★提供多種針對舌頭、軟顎、喉底部的簡易止鼾運動，可自主練習，無須醫療介入。

停止過敏

別讓過敏毀了你的人生

拒絕再為過敏所苦，
這樣做最簡單

邁克·迪爾克斯 Dr. Mike Dilkes
亞歷山大·亞當斯 Alexander Adams

劉又菘｜譯

本書特色

★打破過敏的迷思，提供專業與實用的抗敏方法。

★了解過敏機制，辨識誤區帶來的心理壓力。

★説明常見三大核心過敏領域：吸入性過敏、接觸性過敏、
消化性過敏。

★從預防著手，提供不同治療組合的專業建議。

國家圖書館出版品預行編目資料

停止皺紋：別讓皺紋洩漏了你的年齡／邁克・迪爾克斯（Dr. Mike Dilkes）、亞歷山大・亞當斯（Alexander Adams）作；林孟欣譯.——初版.——臺中市：晨星出版有限公司，2022.08
面；公分.——（健康百科；59）
譯自：STOP WRINKLES THE EASY WAY

ISBN 978-626-320-193-4（平裝）

1. 皮膚美容學

425.3   111008911

健康百科 59

停止皺紋
別讓皺紋洩漏了你的年齡

作者	邁克‧迪爾克斯 Dr. Mike Dilkes & 亞歷山大‧亞當斯 Alexander Adams
譯者	林孟欣
主編	莊雅琦
編輯	洪　絹
校對	洪　絹、莊雅琦、黃嘉儀
網路編輯	黃嘉儀
封面設計	賴維明
美術編排	林姿秀

創辦人	陳銘民
發行所	晨星出版有限公司
	407台中市西屯區工業30路1號1樓
	TEL：04-23595820　FAX：04-23550581
	E-mail：service-taipei@morningstar.com.tw
	http://star.morningstar.com.tw
	行政院新聞局局版台業字第2500號
法律顧問	陳思成律師
初版	西元2022年08月01日

可至線上填回函！

讀者服務專線	TEL：02-23672044／04-23595819#230
讀者傳真專線	FAX：02-23635741／04-23595493
讀者專用信箱	service@morningstar.com.tw
網路書店	http://www.morningstar.com.tw
郵政劃撥	15060393（知己圖書股份有限公司）
印刷	上好印刷股份有限公司

定價 250 元
ISBN　978-626-320-193-4